Bibliografische Information der Deutschen Nationalbibliothek:

Die Deutsche Bibliothek verzeichnet diese Publikation in der Deutschen National-
bibliografie; detaillierte bibliografische Daten sind im Internet über http://dnb.d-
nb.de/ abrufbar.

Impressum:

Copyright © 2005 GRIN Verlag
Druck und Bindung: Books on Demand GmbH, Norderstedt Germany
ISBN: 9783668655713

Dieses Buch bei GRIN:

https://www.grin.com/document/415767

Patrice Fankhänel

Das Doppelverhältnis und der Satz vom vollständigen Vierseit

Aufarbeitung für eine Schüler-AG der Oberstufe

GRIN Verlag

GRIN - Your knowledge has value

Der GRIN Verlag publiziert seit 1998 wissenschaftliche Arbeiten von Studenten, Hochschullehrern und anderen Akademikern als eBook und gedrucktes Buch. Die Verlagswebsite www.grin.com ist die ideale Plattform zur Veröffentlichung von Hausarbeiten, Abschlussarbeiten, wissenschaftlichen Aufsätzen, Dissertationen und Fachbüchern.

Besuchen Sie uns im Internet:

http://www.grin.com/

http://www.facebook.com/grincom

http://www.twitter.com/grin_com

Das Doppelverhältnis und der Satz vom vollständigen Vierseit

-

Mit Aufarbeitung für eine Schüler-AG der Oberstufe

Institut für algebraische Geometrie
der Gottfried Wilhelm Leibniz Universität Hannover

Bachelorarbeit

zur Erlangung des akademischen Grades
Bachelor of Science

vorgelegt von

Patrice Fankhänel

im Juli 2015

Inhaltsverzeichnis

1 Einleitung 1

2 Projektive Räume und Unterräume 3
2.1 Projektiver Raum 3
2.1.1 Definition 3
2.1.2 Bemerkung 4
2.1.3 Beispiel eines projektiven Raums 4
2.2 Projektiver Unterraum 4
2.2.1 Definition 4
2.3 Projektives Koordinatensystem 5
2.3.1 Definition 5
2.4 Projektive Dimension 5
2.4.1 Definition 5

3 Invarianten von Projektivitäten - Das Doppelverhältnis 5
3.1 Das Doppelverhältnis 6
3.1.1 Definition 7
3.1.2 Bemerkung 7
3.1.3 Geometrische Interpretation 7
3.1.4 Das Doppelverhältnis bleibt bei Projektivitäten erhalten 8
3.2 Rechenregel für das Doppelverhältnis 9
3.2.1 Lemma 9
3.2.2 Satz 11
3.2.3 Bemerkung 11
3.3 Beispiele zur Berechnung von Doppelverhältnissen 12
3.3.1 Beispiel 1 12
3.3.2 Beispiel 2 14

4 Der Satz vom Vollständigen Vierseit 15
4.1 Harmonische Punkte 15
4.1.1 Definition 15
4.1.2 Bemerkung 15
4.1.3 Beispiel 15
4.1.4 Bemerkung 16
4.2 Das vollständige Vierseit 16
4.2.1 Definition 16
4.2.2 Satz vom vollständigen Vierseit 16

4.3 Konstruktionen mit vollständigen Vierseiten 17
    4.3.1 Konstruktion eines vierten harmonischen Punktes 17
    4.3.2 Konstruktion eines Mittelpunktes 18

5 Schüler-AG   22
  5.1 Grundlagenwissen 22
  5.2 Motivation 22
  5.3 Arbeitsweise 22
  5.4 Ergebnis 22

6 Zusammenfassung   22

7 Schlussfolgerung   22

8 Danksagung   22

1 Einleitung

„Was als Schulfach präsentiert wird, ist ein kleiner, langweiliger Teil der Mathematik" [Roell, 2013]. Zu dieser Meinung kam 2013 Professor Günter Ziegler von der FU Berlin zum Thema Mathematik in Schulen.

Die meisten Schülerinnen und Schüler sind nicht motiviert, etwas zu lernen, was sie später nie wieder gebrauchen können. Vor allem Lehrerinnen und Lehrer stehen daher oft vor der Herausforderung, junge Menschen für die Mathematik zu begeistern und sie dafür zu begeistern.

Es erscheint demnach fraglich, wie Kinder (von Anfang an) für ein Schulfach gewonnen werden können, welches so stark polarisiert wie kaum ein anderes. Einige vergöttern die Mathematik für ihren Charakter, dass sie keinen Spielraum für "Richtig" oder "Falsch" hat, andere können schon Wochen vor einem Test nicht schlafen und wieder andere interessieren sich überhaupt nicht für die Disziplin des Rechnens mit Zahlen.

Die meisten jungen Erwachsenen haben noch Jahre nach ihrer Schulzeit Angst vor dem Rechnen, wissen aber gleichzeitig um die Notwendigkeit der Zahlenkunst.

Nur wie soll der Unterricht interessant gestaltet werden, wenn die Vorgaben des Kerncurriculums kaum Handlungsspielraum für Lehrer bieten? Es verbleibt zu wenig Zeit für Neues oder Exkurse in Themen, die nicht auf dem vorgesehenen Stundenplan stehen.

Somit schließt sich der Teufelskreis für die engagierten Mathematiker in den Schulen.

Genau diese Aussage ist falsch, denn Möglichkeiten gibt es mehr als genug. Lehrerinnen und Lehrer sollten durch ihr absolviertes Studium die Fähigkeiten besitzen, Lernsituationen immer wieder neu anzupassen und die aktuellen Bedürfnisse von Schülerinnen und Schülern in der Unterrichtsvorbereitung zu berücksichtigen. Der Kreativität sind hierbei keine Grenzen gesetzt. Die Lehrerschaft muss sich nur über eines bewusst werden; eine Weiterentwicklung des Unterrichts sollte niemals stoppen, denn dies ist einer der Haupttätigkeiten die den Pädagogen nach ihrem Studium zugrunde gelegt werden. Ziegler [Roell, 2013] merkt hierzu kritisch an „[...]es gebe einfach zu wenig Fortbildung. In so einem Berufsleben zwischen 27 und 67 ändere sich die Auffassung vom Fach und von gutem Unterricht so stark, dass Lehrer alle zehn Jahre die Chance zu einem Neustart haben müssten, mit neuen Inhalten und neuer Didaktik."

Diesen Leitgedanken sollte jede Lehrkraft tief verinnerlicht haben, denn dafür war das frühere Mathematikstudium gedacht. Oftmals wirkt das System der Lehrerausbildung sehr fachorientiert und genau das ist auch so gewollt. Tatsächlich ist das Studium so aufgebaut, dass angehende Lehrer sich die Fähigkeiten erarbeiten, neue mathematische Themenkomplexe anzueignen und diese in didaktisch für den Schulunterricht aufzuarbeiten und aufzubereiten.

So können sich beispielsweise Lehrkräfte, die bereits lange in ihrem Beruf tätig sind, autodidaktisch neue Fachkenntnisse für den Schulgebrauch aneignen. Mit viel Enthusiasmus können hier ganze Themenkomplexe neu aufgearbeitet und für den Schulunterricht angepasst werden. Meist obliegt dieser Prozess alleinig einer Lehrperson. In Fachkonferenzen können neue Vorschläge auf Widerstand treffen, da eine einheitliche Vorbereitung auf das neue Schuljahr oder gar das Abitur vorausgesetzt und gefordert wird. Des Weiteren wird der Schritt zu neuen Aufgaben sehr häufig als Wagnis empfunden und kann auf Ablehnung vom Kollegium treffen.

Eine weitere Möglichkeit wäre, zusätzliches Lernmaterial in Form von Zusatzaufgaben für interessierte Schülerinnen und Schüler bereitzustellen. Hierbei könnten Vorträge bzw. Referate erstellt werden, welche vor dem kompletten Klassenverband vorgestellt werden müssten. Diese Methode ist sehr bekannt in der Schule und wird auch in der Oberstufe häufig angewendet. Problematisch zu betrachten ist hierbei der Aspekt, dass lediglich ein Schüler sich intensiv mit dem gestellten Thema befasst und dann in einer Art Kurzform vorstellt. Der Rest der Klasse nimmt oftmals lediglich oberflächliches Wissen mit, insofern dem Referat des vortragenden Schülers überhaupt interessiert zugehört wird.

Aus didaktischer Sicht wird sich diese Bachelorarbeit mit der Lernmethode der Arbeitsgemeinschaft (Kurzform: „AG") in der Oberstufe genauer befassen. Des Weiteren soll herausgestellt werden, welche Chancen und Risiken eine solche Arbeitsweise in sich birgt.

Die Gründe, eine AG in der Oberstufe ins Leben zu rufen, sind vielschichtig und bieten vielen Schülerinnen und Schülern eine Gelegenheit sich weiterzuentwickeln. Denn sowohl an Fachhochschulen wie auch Universitäten bereitet gerade die Mathematik Studienanfängerinnen und Studienanfängern häufig sehr große Probleme. Daher ist es ratsam, sich mit mathematischen Denk- und Vorgehensweise schon vor dem ersten Universitätskurs zu beschäftigen.

In der Mathematik werden stets allgemein gültige Aussagen formuliert, die später auch bewiesen werden müssen. Die Beweismethoden und das korrekte Verfahren mit den verschiedenen Beweistechniken bereitet den meisten Studentinnen und Studenten in den ersten Semestern gehörige Probleme. Am Gymnasium werden Beweise sehr häufig zu kurz gehalten, viel zu wenig eingeübt oder ganz und gar weggelassen. (vgl.[Stuttgart-LS, 2015])

Es bietet sich daher an, einen Arbeitskreis zu bilden, der ausschließlich aus wissbegierigen Schülern besteht, die ein Ziel vor Augen haben oder sich schlicht für einen "Blick über den Tellerrand" interessieren.

Die Mathematik als Geisteswissenschaft bekommt somit einen höheren Stellenwert für einige Schülerinnen und Schüler und das wöchentliche Zeitkontingent für dieses Fach wird gesteigert. Bekanntermaßen bedeutet eine höhere Übungsdauer und -intensität auch gleichzeitig mehr Verständnis für die Thematik und Erfolgserlebnisse werden sich kurz über lang einstellen, so Ziegler (vgl.[Methling, 2009]).

Aus thematischer Sicht befasst sich diese Bachelorarbeit mit dem Doppelverhältnis im projektiven Raum und dem Satz des vollständigen Vierseits und wie dieser Themenkomplex, der fernab vom Kerncurriculum gewählt wurde, inhaltlich umgesetzt werden könnte. Mit der Definition eines neuen Raumes beginnt hierbei schon die Denkaufgabe für die Schülerinnen und Schüler. Sich etwas Neues vorzustellen und dazu Konstruktionen zu entwickeln und zu deuten, darin besteht das inhaltliche Feld der Arbeitsgruppe. Eine behutsame Einführung neuer Denkschemata, sowie Techniken, welche mit ständiger Kontrolle einhergeht, sollte immer im Vordergrund stehen. Nur so kann sichergestellt werden, dass die Schüler Schritt für Schritt an das Universitätsniveau herangeführt werden.

Mathematik wirkt häufig so, als ob es vorprogrammiert ist, wer es beherrscht und wer nicht. Diese Auffassung ist so nicht richtig. Es entstehen immer wieder Lücken im Verständnis der Schülerinnen und Schüler, ddie dazu führen, dass Schüler den Unterrichtsstoff nicht begreifen, bei folgenden neue Themen abschalten und dem Unterricht nicht mehr folgen können (vgl.[Amon, 2011]). Es steht also außer Frage, dass eine Hinführung zu einem komplexen, neuen Thema mit Bedacht durchgeführt werden muss und es auf das Feingefühl das Lehrers ankommt, alle Teilnehmer der AG gleichermaßen zu fordern und zu fördern.

2 Projektive Räume und Unterräume

Diese o.g. Hinführung kann nun über unterschiedliche Wege geschehen. In der affinen Geometrie ist die Parallelprojektion ein zentrales Element um Sachverhalte zu erläutern.

In der projektiven Geometrie hingegen ist die Zentralprojektion das Gegenstück hierzu. Die Anwendungsbereiche hierfür sind sehr vielseitig. In der Physik, Natur und Biologie existieren sehr viele Beispiele, aber auch im Alltagsgeschehen können Modelle die Form einer Zentralprojektion annehmen. So ist bei Abbildung eines Raumes durch eine Linse oder eine Lochkamera auf eine Ebene immer auf die Erklärung einer Zentralprojektion zu schlussfolgern .

2.1 Projektiver Raum

Als Erstes muss der Raum der Projektivitäten definiert werden. um eine Grundlage zu haben, in der gearbeitet wird.

2.1.1 Definition

Sei V ein Vektorraum über einem Körper K. Mit $\mathbb{P}(V)$ bezeichnen wir die Menge der eindimensionalen Untervektorräume (d.h. die Geraden durch den Ursprung) von V. $\mathbb{P}(V)$ heißt der zu V gehörige **projektive Raum**.

2.1.2 Bemerkung

Die Elemente von $\mathbb{P}(V)$ werden wiederum **Punkte** genannt, obwohl sie formal betrachtet Geraden sind.

2.1.3 Beispiel eines projektiven Raums

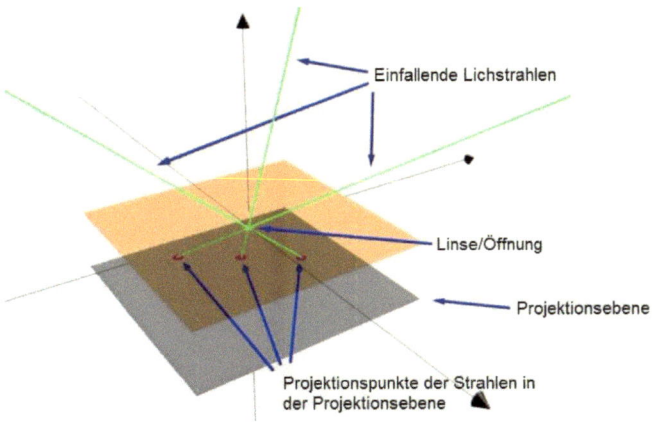

Abbildung 1: *Lichstrahlen fallen durch eine Linse auf eine Projektionsebene*, [Wolff, 2009]

2.2 Projektiver Unterraum

2.2.1 Definition

Eine Teilmenge Z eines projektiven Raumes $\mathbb{P}(V)$ heißt ein **projektiver Unterraum**, wenn die Teilmenge

$$W := \bigcup_{p \in Z} p \quad \text{von } V \text{ ein Untervektorraum ist.}$$

Alle Punkte p von Z (nach Definition Geraden in V) zusammengenommen müssen genau einen Untervektorraum von V ausfüllen. Ist diese Bedingung ebenfalls erfüllt, so ist Z selbst ein projektiver Raum, der eine (projektive Dimension) besitzt, mit $Z = \mathbb{P}(W)$.

Speziell wird $Z \subset \mathbb{P}(V)$ eine

- (projektive) Gerade, wenn $dim\, Z = 1$,

- (projektive) Ebene wenn $dim\, Z = 2$,

- (projektive) Hyperebene, wenn $dim\, Z = dim P(V) - 1$

genannt.

2.3 Projektives Koordinatensystem

2.3.1 Definition

Seien p_0, p_1, p_2, p kollineare Punkte eines projektiven Raumes $\mathbb{P}(V)$ über einem Körper K, derart das p_0, p_1, p_2 paarweise verschieden sind. Dann ist (p_0, p_1, p_2) eine projektive Basis der gemeinsamen Geraden Z. Es existiert ein projektives Koordinatensystem κ in Z:

$$\kappa : \mathbb{P}_1(V) \longrightarrow Z \text{ mit } \kappa(1:0) = p_0, \ \kappa(0:1) = p_1 \text{ und } \kappa(1:1) = p_2$$

2.4 Projektive Dimension

2.4.1 Definition

Ist V endlich-dimensional, so wird

$$dim_k \mathbb{P}(V) := dim_k(V) - 1$$

gesetzt und diese Zahl im Folgenden als die **projektive Dimension** oder einfach **Dimension** von $\mathbb{P}(V)$ genannt. Insbesondere ist $P(0) = \varnothing$ und $dim(\varnothing) = -1$.

Weiterhin wird der **(kanonische) n-dimensionale projektive Raum über** K als $\mathbb{P}_n(K) := \mathbb{P}(K^{n+1})$ definiert.

3 Invarianten von Projektivitäten - Das Doppelverhältnis

Nachdem im zweiten Abschnitt die Grundlagen des projektiven Raumes definiert wurden, widmet sich der folgende Abschnitt dem Thema des Doppelverhältnisses im projektivem Raum.

Bereits in der affinen Geometrie besteht das sogenannte Teilverhältnis, welches die Lage eines Punktes auf einer Geraden bezüglich zwei anderer Punkte beschreibt.

Unter dem Teilverhältnis versteht man das Verhältnis zweier Teilstrecken zu einer gegebenen Strecke. So misst beispielsweise das Teilverhältnis zwischen den Punkten p, q, r aus Abbildung 2 beispielsweise genau $1, 5$. Zur Bestimmung misst man den Abstand zwischen Punkt

p und q, dieser ist genau 1. Ist das Teilverhältnis nun $1,5$, so rechnet man $1 \cdot 1,5$ und p_1 und landet auf dem Punkt r. Formal schreibt man: $TV(p,q,r) = 1,5$.

„Das Teilverhältnis ist eine affine Invariante."[Fischer, 1983, S.23], was genauer bedeutet, dass es in einer affinen Abbildung erhalten bleibt. Diese Eigenschaft ist für den affinen Raum sehr wichtig, im projektiven Raum schon nicht mehr invariant. In der Mathematik sind aber genau diese Invarianten von besonderer Bedeutung. Bereits in einer Zentralprojektion (Siehe Abbildung 2) bleiben die Eigenschaften des Teilverhältnisses nicht mehr bestehen. Es ist leicht erkennbar, dass das Teilverhältnis $TV(p,q',r')$ nicht mehr $1,5$ beträgt.

Die projektive Geometrie braucht also ein ähnliches invariantes Verhältnis,welches Streckenverhältnisse miteinander vergleicht.

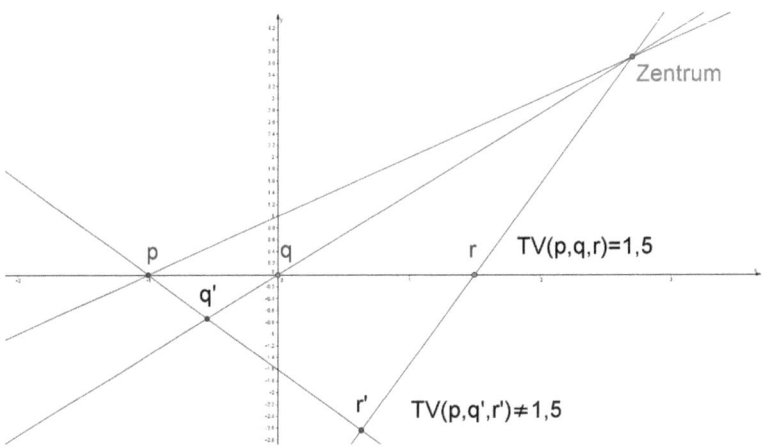

Abbildung 2: *Zentralprojektion mit Teilverhältnissen*, Geogebra

Im Folgenden wird das Doppelverhältnis genauer beschrieben und darauf basierend der Satz vom vollständigen Vierseit definiert und illustriert.

3.1 Das Doppelverhältnis

Das Doppelverhältnis in der projektiven Geometrie wurde bereits von Pappus ca. 300 Jahre nach Christus verwendet und später von Desargue im 17. Jahrhundert weiterentwickelt. Die Verwendbarkeit ihrer Definitionen sind bis heute unangefochten und sollen im folgenden Abschnitt genauer beschrieben werden (vgl.[Beutelspacher and Rosenbaum, 1998][S.59ff.]).

3.1.1 Definition

Seien p_0, p_1, p_2, p kollineare Punkte eines projektiven Raumes $\mathbb{P}(V)$ über einem Körper K, dann ist mit $(\lambda : \mu) = \kappa^{-1}(p) \in \mathbb{P}_1(K)$,

$$DV(p_0, p_1, p_2, p) := \lambda : \mu$$

das Doppelverhältnis der Punkte p_0, p_1, p_2, p.

3.1.2 Bemerkung

Für $\mu \neq 0$ ist dies ein Element von K. Für den Fall das $\mu = 0$ ist, gilt

$$DV(p_0, p_1, p_2, p_0) = \lambda : 0 = \infty.$$

Des Weiteren kann der Doppelpunkt zwischen λ und μ als Quotient verstanden werden und wird auch später zur Rechnung genau so genutzt.

3.1.3 Geometrische Interpretation

Geometrisch gesehen, wird nun die Abbildung 3 betrachtet, in der das Doppelverhältnis zwischen den Punkten p_0, p_1, p_2, p dargestellt ist. Hier bei sind p_0, p_1, p_2 fest gewählt und spannen das projektive Koordinatensystem auf. Lediglich p kann beliebig variiert werden, wodurch sich das Doppelverhältnis $DV(p_0, p_1, p_2, p_0)$ ändert (Siehe Abbildung 4).

Der Zusammenhang zwischen den beiden Abbildungen besteht darin, dass die affine Gerade aus Abbildung 3 die Abzisse aus Abbildung 4 ist. Des Weiteren wird das Doppelverhältnis auf der y-Achse angegeben und es ist direkt abhängig vom Punkt p.

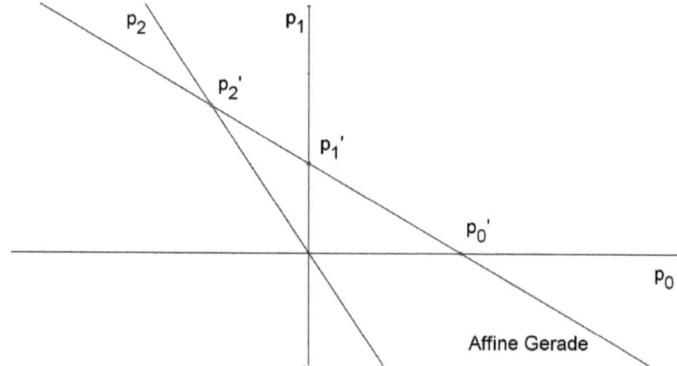

Abbildung 3: $\mathbb{P}_1(K)$ *mit einer affinen Gerade*, Geogebra

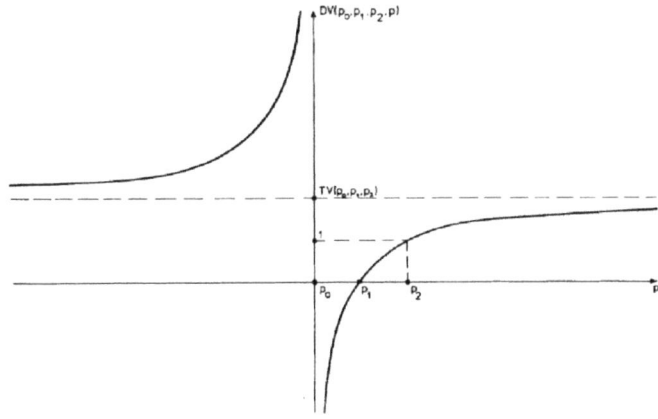

Abbildung 4: *Doppelverhältnis in Abhängigkeit vom Punkt p* , [Fischer, 1983, S.150]

Es entstehen einige Sonderfälle die aus dem Graphen der Abbildung 4 hervorgehen:

$p = p_0 \Rightarrow$ Homogene Koordinaten von p sind: $(1 : 0) \Rightarrow DV = \pm\infty$

$p = p_1 \Rightarrow$ Homogene Koordinaten von p sind: $(0 : 1) \Rightarrow DV = 0$

$p = p_2 \Rightarrow$ Homogene Koordinaten von p sind: $(1 : 1) \Rightarrow DV = 1$

Es lässt sich folgende Beobachtung machen: Der Quotient der homogenen Koordinaten des Punktes p ist jeweils der Kehrwert der Steigung dieses Punktes. Dadurch kann die Asymptote um den Punkt $p = p_0$ genauer nachvollzogen werden:

Nähert sich $p \to p_0$ von links an $\Rightarrow$ Steigung positiv und gegen 0 $\Rightarrow DV \to \infty$

Nähert sich $p \to p_0$ von rechts an $\Rightarrow$ Steigung negativ und gegen 0 $\Rightarrow DV \to -\infty$

3.1.4 Das Doppelverhältnis bleibt bei Projektivitäten erhalten

Invarianzen sind mächtige Werkzeuge, die zur Klassifizierung oder zum Ausschluss gewisser Thesen dienen. Im Folgenden soll die Invarianz des Doppelverhältnisses im projektiven Raum bewiesen werden. Dieser Beweis gehört zu den Kernaussagen dieser Arbeit, da die Verwendung von Doppelverhältnissen eine weitreichende Bedeutung in der analytischen Geometrie hat.

Beweis.
Sei also eine Projektivität $f : \mathbb{P}(V) \longrightarrow \mathbb{P}(W)$, sowie kollineare Punkte $p_0, p_1, p_2, p \in \mathbb{P}(V)$

8

gegeben. Außerdem existiert die Verbindungsgerade $Z \subset \mathbb{P}(V)$ der gegebenen Punkte und deren Bildpunkte $Z' := f(Z) \subset \mathbb{P}(W)$.

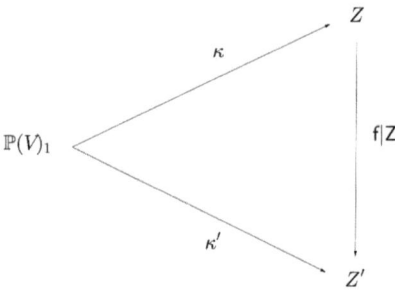

Abbildung 5: *Kommutatives Diagramm von Projektivitäten*, (vgl.[Fischer, 1983, S.150])

Das Koordinatensystem κ in Z ist definiert nach Definition 3.1.

Wenn jetzt $\kappa' : \mathbb{P}_1(K) \longrightarrow Z'$ mit

$$\kappa' := (f|Z) \circ \kappa \quad \text{und} \quad \kappa^{-1} := \kappa'^{-1} \circ (f|Z) \text{ definiert wird,}$$

so folgt $\kappa'(1:0) = f(p_0)$, $\kappa'(0:1) = f(p_1)$ und $\kappa'(1:1) = f(p_2)$.

Da nun $(f(p_0, f(p_1, f(p_2)))$ wiederum eine projektive Basis von Z' ist, ist die Behauptung bewiesen und es gilt,

$$DV(f(p_0), f(p_1), f(p_2), f(p)) = \kappa'^{-1}(f(p)) = \kappa^{-1}(p) = DV(p_0, p_1, p_2, p).$$

$\square$

3.2 Rechenregel für das Doppelverhältnis

Für das einfache Berechnen eines Doppelverhältnisses zwischen vier kollinearen, paarweise verschiedenen Punkten ergibt sich die folgende Rechenregel. Gerade in der Schulmathematik ist das verweisen auf direkte Lösungsschemata essentiell, daher ist diese Rechenregel für den projektiven Raum sehr wichtig.

3.2.1 Lemma

Seien $p_k = (\lambda_k : \mu_k) \in \mathbb{P}_1(K)$, $k = 0, 1, 2, 3$ kollinear und p_0, p_1, p_2 paarweise verschieden, dann folgt:

$$DV(p_0, p_1, p_2, p_3) = \frac{\begin{vmatrix} \lambda_3 & \lambda_1 \\ \mu_3 & \mu_1 \end{vmatrix}}{\begin{vmatrix} \lambda_3 & \lambda_0 \\ \mu_3 & \mu_0 \end{vmatrix}} : \frac{\begin{vmatrix} \lambda_2 & \lambda_1 \\ \mu_2 & \mu_1 \end{vmatrix}}{\begin{vmatrix} \lambda_2 & \lambda_0 \\ \mu_2 & \mu_0 \end{vmatrix}} \tag{1}$$

Beweis.
Zur Bestimmung des Doppelverhältnisses befinden wir uns im erforderlichen Koordinatensystem

$\kappa : \mathbb{P}_1(K) \to \mathbb{P}_1(K)$, also

$\kappa(1:0) = (\lambda_0 : \mu_0), \quad \kappa(0:1) = (\lambda_1 : \mu_1).$

Die von κ induzierte (2x2)-Abbildungsmatrix A hat dann die folgende Form:

$$A = \begin{pmatrix} a\lambda_0 & b\lambda_1 \\ a\mu_0 & b\mu_1 \end{pmatrix} \quad \text{mit } a, b \in K^*$$

Aus der Zusatzbedingung $\kappa(1:1) = (\lambda_2 : \mu_2)$ folgt dann ein lineares Gleichungssystem:

$$a\lambda_0 + b\lambda_1 = c\lambda_2$$
$$a\mu_0 + b\mu_1 = c\mu_2.$$

Es wird nun $c = \begin{vmatrix} \lambda_0 & \lambda_1 \\ \mu_0 & \mu_1 \end{vmatrix}$ gewählt, daraus folgt das LGS $\begin{pmatrix} \lambda_0 & \lambda_1 & c\lambda_2 \\ \mu_0 & \mu_1 & c\mu_2 \end{pmatrix}$.

Mit Hilfe der Cramerschen Regel (Siehe [Bosch, 2008, S.151ff]) folgt:

$$a = \frac{\begin{vmatrix} c\lambda_2 & \lambda_1 \\ c\mu_2 & \mu_1 \end{vmatrix}}{c} = \begin{vmatrix} \lambda_2 & \lambda_1 \\ \mu_2 & \mu_1 \end{vmatrix} \quad \text{und} \quad b = \frac{\begin{vmatrix} c\lambda_0 & \lambda_2 \\ c\mu_0 & \mu_2 \end{vmatrix}}{c} = \begin{vmatrix} \lambda_0 & \lambda_2 \\ \mu_0 & \mu_2 \end{vmatrix}$$

$$\Rightarrow A = \begin{pmatrix} \lambda_0 \begin{vmatrix} \lambda_2 & \lambda_1 \\ \mu_2 & \mu_1 \end{vmatrix} & \lambda_1 \begin{vmatrix} \lambda_0 & \lambda_2 \\ \mu_0 & \mu_2 \end{vmatrix} \\ \mu_0 \begin{vmatrix} \lambda_2 & \lambda_1 \\ \mu_2 & \mu_1 \end{vmatrix} & \mu_1 \begin{vmatrix} \lambda_0 & \lambda_2 \\ \mu_0 & \mu_2 \end{vmatrix} \end{pmatrix}$$

Durch die Zuhilfenahme von den Eigenschaften von komplementären Matrizen $A^{\#}$ und der Rechenvorschrift $A^{-1} = \frac{1}{det(A)} A^{\#}$ gilt jetzt:

$$A^{-1} = \frac{1}{det(A)} \begin{pmatrix} \mu_1 \begin{vmatrix} \lambda_0 & \lambda_2 \\ \mu_0 & \mu_2 \end{vmatrix} & -\lambda_1 \begin{vmatrix} \lambda_0 & \lambda_2 \\ \mu_0 & \mu_2 \end{vmatrix} \\ -\mu_0 \begin{vmatrix} \lambda_2 & \lambda_1 \\ \mu_2 & \mu_1 \end{vmatrix} & \lambda_0 \begin{vmatrix} \lambda_2 & \lambda_1 \\ \mu_2 & \mu_1 \end{vmatrix} \end{pmatrix}$$

Wenn wir jetzt $\kappa^{-1}(\lambda_3 : \mu_3$ mit der Eigenschaft $det(A) \neq 0$ berechnet, erhalten wir:

$$det(A)A^{-1}\begin{pmatrix} \lambda_3 \\ \mu_3 \end{pmatrix} = \begin{pmatrix} \begin{vmatrix} \lambda_3 & \lambda_1 \\ \mu_3 & \mu_1 \end{vmatrix} \cdot \begin{vmatrix} \lambda_0 & \lambda_2 \\ \mu_0 & \mu_2 \end{vmatrix} \\ \begin{vmatrix} \lambda_0 & \lambda_3 \\ \mu_0 & \mu_3 \end{vmatrix} \cdot \begin{vmatrix} \lambda_2 & \lambda_1 \\ \mu_2 & \mu_1 \end{vmatrix} \end{pmatrix}$$

$$\Rightarrow DV(p_0, p_1, p_2, p_3) = \begin{vmatrix} \lambda_3 & \lambda_1 \\ \mu_3 & \mu_1 \end{vmatrix} \begin{vmatrix} \lambda_0 & \lambda_2 \\ \mu_0 & \mu_2 \end{vmatrix} : \begin{vmatrix} \lambda_0 & \lambda_3 \\ \mu_0 & \mu_3 \end{vmatrix} \begin{vmatrix} \lambda_2 & \lambda_1 \\ \mu_2 & \mu_1 \end{vmatrix}$$

$$= \frac{\begin{vmatrix} \lambda_3 & \lambda_1 \\ \mu_3 & \mu_1 \end{vmatrix}}{\begin{vmatrix} \lambda_3 & \lambda_0 \\ \mu_3 & \mu_0 \end{vmatrix}} : \frac{\begin{vmatrix} \lambda_2 & \lambda_1 \\ \mu_2 & \mu_1 \end{vmatrix}}{\begin{vmatrix} \lambda_2 & \lambda_0 \\ \mu_2 & \mu_0 \end{vmatrix}} .$$

$\square$

Aus dieser Formel für den Fall $n = 1$ entsteht jetzt die allgemeine Form zur Berechnung des Doppelverhältnisses.

3.2.2 Satz

Seien $p_k = (x_0^k : \ldots : x_n^k) \in \mathbb{P}_n(K)$, $k = 0, 1, 2, 3$ vier kollineare Punkte. Dabei seien p_0, p_1, p_2 paarweise verschieden.
Sind $i, j \in 0, \ldots, n$ mit $i \neq j$ und $(x_i^0 : x_j^0)$, $(x_i^1 : x_j^1)$, $(x_i^2 : x_j^2) \in \mathbb{P}_1(K)$, so gilt:

$$DV(p_0, p_1, p_2, p_3) = \frac{\begin{vmatrix} x_i^3 & x_i^1 \\ x_j^3 & x_j^1 \end{vmatrix}}{\begin{vmatrix} x_i^3 & x_i^0 \\ x_j^3 & x_j^0 \end{vmatrix}} : \frac{\begin{vmatrix} x_i^2 & x_i^1 \\ x_j^2 & x_j^1 \end{vmatrix}}{\begin{vmatrix} x_i^2 & x_i^0 \\ x_j^2 & x_j^0 \end{vmatrix}} . \qquad (2)$$

3.2.3 Bemerkung

Sind p_0, p_1, p_2, p_3 kollineare Punkte im projektiven Raum $\mathbb{P}(V)$ über dem Körper K, so bilden jeweils drei von ihnen eine projektive Basis ihrer Verbindungsgeraden. Es kann nun für jede Permutation der Indizes das entsprechende Doppelverhältnis berechnet werden. Dabei gelten folgende Regeln:
Sei $DV(p_0, p_1, p_2, p_3) = \lambda$, dann gilt:

$$DV(p_0, p_1, p_2, p_3) = DV(p_1, p_0, p_3, p_2)$$
$$DV(p_2, p_3, p_0, p_1) = DV(p_3, p_2, p_1, p_0) = \lambda ,$$

$$DV(p_1, p_0, p_2, p_3) = DV(p_0, p_1, p_3, p_2)$$
$$DV(p_2, p_3, p_1, p_0) = DV(p_3, p_2, p_0, p_1) = \lambda^{-1},$$

$$DV(p_3, p_1, p_2, p_0) = DV(p_1, p_3, p_0, p_2)$$
$$DV(p_2, p_0, p_3, p_1) = DV(p_0, p_2, p_1, p_3) = 1 - \lambda,$$

$$DV(p_3, p_0, p_2, p_1) = DV(p_0, p_3, p_1, p_2)$$
$$DV(p_2, p_1, p_3, p_0) = DV(p_1, p_2, p_0, p_3) = 1 - \lambda^{-1},$$

$$DV(p_1, p_3, p_2, p_0) = DV(p_3, p_1, p_0, p_2)$$
$$DV(p_2, p_0, p_1, p_3) = DV(p_0, p_2, p_3, p_1) = (1 - \lambda)^{-1},$$

$$DV(p_0, p_3, p_2, p_1) = DV(p_3, p_0, p_1, p_2)$$
$$DV(p_2, p_1, p_0, p_3) = DV(p_1, p_2, p_3, p_0) = 1 - (1 - \lambda)^{-1}.$$

3.3 Beispiele zur Berechnung von Doppelverhältnissen

Währenddessen sich Teilverhältnisse in affinen Räumen leicht ablesen lassen können, ist das Ergebnis eines Doppelverhältnisses nahezu nicht schätzbar. Die Berechnung dient hierbei auch eher in der Theorie, so hat der Wert -1 bei einem Doppelverhältnis eine besondere Bedeutung, denn in diesem Fall liegen die Punkte in harmonischer Lage (Siehe Kapitel 4).

3.3.1 Beispiel 1

Anhand des ersten Beispiels (Siehe Abbildung 6) soll die Vielzahl der Berechnungsmöglichkeiten für Doppelverhältnisse aufgezeigt werden.

Gegeben ist die Anschauungsebene der affinen Gerade $x_0 = 1$ und die Punkte $p_k = (1 : \mu_k) \in \mathbb{P}(K)$, $k = 0, 1, 2, 3$ mit $p_0 = (1 : 0), p_1 = (1 : 3), p_2 = (1 : 2), p_3 = (1 : 6)$.

Als erstes wird das Doppelverhältnis Mithilfe der Formel (1) aus Lemma 3.1.3 berechnet.

$$DV(p_0, p_1, p_2, p_3) = \frac{\begin{vmatrix} \lambda_3 & \lambda_1 \\ \mu_3 & \mu_1 \end{vmatrix}}{\begin{vmatrix} \lambda_3 & \lambda_0 \\ \mu_3 & \mu_0 \end{vmatrix}} : \frac{\begin{vmatrix} \lambda_2 & \lambda_1 \\ \mu_2 & \mu_1 \end{vmatrix}}{\begin{vmatrix} \lambda_2 & \lambda_0 \\ \mu_2 & \mu_0 \end{vmatrix}} = \frac{\begin{vmatrix} 1 & 1 \\ 6 & 3 \end{vmatrix}}{\begin{vmatrix} 1 & 1 \\ 6 & 0 \end{vmatrix}} : \frac{\begin{vmatrix} 1 & 1 \\ 2 & 3 \end{vmatrix}}{\begin{vmatrix} 1 & 1 \\ 2 & 0 \end{vmatrix}} = \frac{\frac{3-6}{0-6}}{\frac{3-2}{0-2}} = \frac{\frac{-3}{-6}}{\frac{1}{-2}} = \frac{\frac{1}{2}}{-\frac{1}{2}} = -1$$

Eine Variante kann auch über das Rechnen mit Strecken geschehen, indem hier gleichzeitig einige Rechenregeln zu Doppelbrüchen dargestellt werden sollen.

Da λ_k für alle Punkte gleich 1 ist, kann man es bei der Streckenberechnung vernachlässigen.

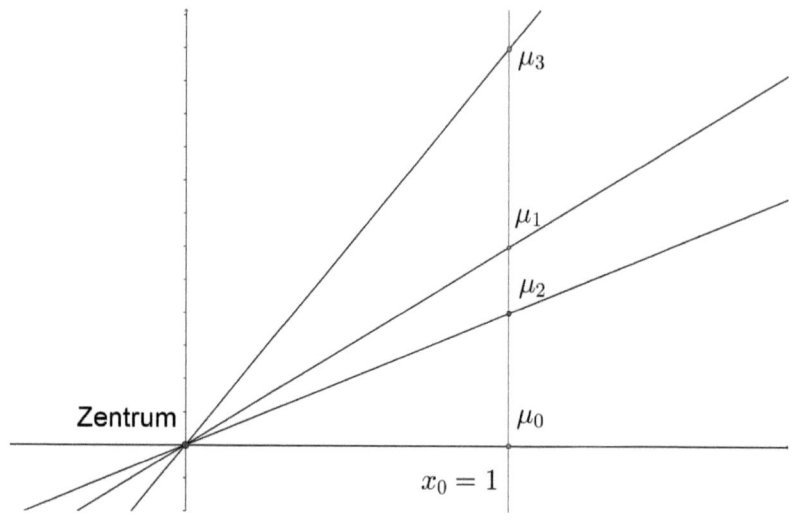

Abbildung 6: $\mathbb{P}_1(K)$ *mit affinen Gerade* $x_0 = 1$, Geogebra

Genau zu beachten sind die Richtungen der Strecken, damit keine Vorzeichenfehler entstehen.

$$
\begin{aligned}
DV(p_0, p_1, p_2, p_3) \ &= \frac{\overline{\mu_0\mu_2}}{\overline{\mu_1\mu_2}} : \frac{\overline{\mu_0\mu_3}}{\overline{\mu_1\mu_3}} = \frac{\overline{\mu_1\mu_3}}{\overline{\mu_0\mu_3}} : \frac{\overline{\mu_1\mu_2}}{\overline{\mu_0\mu_2}} \\
&= \frac{\mu_1 - \mu 3}{\mu_0 - \mu 3} : \frac{\mu_1 - \mu 2}{\mu_0 - \mu 2} \\
&= \frac{3-6}{0-6} : \frac{3-2}{0-2} = \frac{-3}{-6} : \frac{1}{-2} = -1
\end{aligned}
$$

Eine weitere Variante ist das Rechnen mit Teilverhältnissen, welches nur die Zusammenhänge zwischen den Strecken von 3 Punkten genauer darstellt. Hierbei wird auch noch einmal deutlich, dass das Doppelverhältnis selbst ein Verhältnis von Teilverhältnissen ist, daher auch der Name.

$$
\begin{aligned}
DV(p_0, p_1, p_2, p_3) \ &= \frac{\mu_1 - \mu 3}{\mu_0 - \mu 3} : \frac{\mu_1 - \mu 2}{\mu_0 - \mu 2} = TV(\mu_3, \mu_0, \mu_1) : TV(\mu_2, \mu_0, \mu_1) \\
&= \frac{\mu_1 - \mu 3}{\mu_0 - \mu 3} \cdot \frac{\mu_0 - \mu 2}{\mu_1 - \mu 2} = TV(\mu_3, \mu_0, \mu_1) \cdot TV(\mu_2, \mu_1, \mu_2)
\end{aligned}
$$

3.3.2 Beispiel 2

Im zweiten Beispiel wird das Doppelverhältnis zwischen 4 projektiven Punkten im $\mathbb{P}_3(\mathbb{R})$ berechnet und vorher muss die Kollinearität geprüft werden.
$p_0 = (2 : 2 : -2 : 3), p_1 = (0 : 4 : 2 : 1), p_2 = (1 : 7 : 2 : 3), p_3 = (1 : 3 : 0 : 2).$

Nach Definition sind die 4 Punkte genau dann kollinear, wenn

$$rang \begin{pmatrix} 2 & 0 & 1 & 1 \\ 2 & 4 & 7 & 3 \\ -2 & 2 & 2 & 0 \\ 3 & 1 & 3 & 2 \end{pmatrix} \leq 2 \text{ gegeben ist.}$$

Durch Zeilenstufenumformung des Kerns der Matrix erhalten wir folgende Lösung:

$$ker \begin{pmatrix} 2 & 0 & 1 & 1 \\ 2 & 4 & 7 & 3 \\ -2 & 2 & 2 & 0 \\ 3 & 1 & 3 & 2 \end{pmatrix} = ker \begin{pmatrix} 2 & 0 & 1 & 1 \\ 0 & 4 & 6 & 2 \\ 0 & 2 & 3 & 1 \\ 0 & -2 & -3 & -1 \end{pmatrix} = ker \begin{pmatrix} 2 & 0 & 1 & 1 \\ 0 & 2 & 3 & 1 \\ 0 & 0 & 0 & 0 \\ 0 & 0 & 0 & 0 \end{pmatrix} \implies span \left\langle \begin{pmatrix} 0 \\ -1 \\ 1 \\ -1 \end{pmatrix}, \begin{pmatrix} 1 \\ 1 \\ 0 \\ -2 \end{pmatrix} \right\rangle$$

Die 4 gegebenen Punkte $p_0, \dots, p_3$ liegen also kollinear zueinander.

Die Berechnung des Doppelverhätnisses erfolgt dann wieder nach obigem Schema (Satz 3.1.3). Dazu wird $i = 0$ und $j = 1$ gewählt.

$$
\begin{aligned}
DV(p_0, p_1, p_2, p_3) &= \frac{\begin{vmatrix} x_i^3 & x_i^1 \\ x_j^3 & x_j^1 \end{vmatrix}}{\begin{vmatrix} x_i^3 & x_i^0 \\ x_j^3 & x_j^0 \end{vmatrix}} : \frac{\begin{vmatrix} x_i^2 & x_i^1 \\ x_j^2 & x_j^1 \end{vmatrix}}{\begin{vmatrix} x_i^2 & x_i^0 \\ x_j^2 & x_j^0 \end{vmatrix}} = \frac{\begin{vmatrix} x_0^3 & x_0^1 \\ x_1^3 & x_1^1 \end{vmatrix}}{\begin{vmatrix} x_0^3 & x_0^0 \\ x_1^3 & x_1^0 \end{vmatrix}} : \frac{\begin{vmatrix} x_0^2 & x_0^1 \\ x_1^2 & x_1^1 \end{vmatrix}}{\begin{vmatrix} x_0^2 & x_0^0 \\ x_1^2 & x_1^0 \end{vmatrix}} \\[2mm]
&= \frac{\begin{vmatrix} 1 & 0 \\ 3 & 4 \end{vmatrix}}{\begin{vmatrix} 1 & 2 \\ 3 & 2 \end{vmatrix}} : \frac{\begin{vmatrix} 1 & 0 \\ 7 & 4 \end{vmatrix}}{\begin{vmatrix} 1 & 2 \\ 7 & 2 \end{vmatrix}} = \frac{4 - 0}{2 - 6} : \frac{4 - 0}{2 - 14} \\[2mm]
&= \frac{4}{-4} : \frac{4}{-12} = (-1) \cdot (-3) = 3 \in \mathbb{P}_1(K)
\end{aligned}
$$

Somit wurden mehrere Wege aufgezeigt ein Doppelverhältnis zu berechnen und der Umgang mit Doppelbrüchen und Kehrwerten wurde verdeutlicht.

4 Der Satz vom Vollständigen Vierseit

Das vollständige Vierseit als geometrische Figur ist eine interessanter Konstruktion zugrunde gelegt, die sich der projektiven Eigenschaften des Doppelverhältnisses bedient.

Bevor eine Definition für das vollständige Vierseit genannt wird muss allerdings die harmonische Lage von Punkten genauer betrachtet werden.

4.1 Harmonische Punkte

4.1.1 Definition

Seien K ein Körper mit $charK \neq 2$, V ein K-Vektorraum und $\mathbb{P}(V)$ der zugehörige projektive Raum. Weiter seien $p_0, p_1, p_2, p_3 \in \mathbb{P}(V)$ kollinear und paarweise verschieden. Die Punktepaare (p_0, p_1) und (p_2, p_3) liegen harmonisch (bzw. trennen sich harmonisch), falls

$$DV(p_0, p_1, p_2, p_3) = -1.$$

4.1.2 Bemerkung

Eine große Hilfe hierbei ist die Zuhilfenahme der Eigenschaften des Doppelverhältnisses: So trennen sich die kollinearen Punktepaare (p_0, p_1) und (p_2, p_3) genau dann harmonisch, wenn

$$DV(p_0, p_1, p_2, p_3) = DV(p_1, p_0, p_2, p_3) \text{ erfüllt ist.}$$

Beweis.

„$\Longrightarrow$"

Liegen (p_0, p_1) und (p_2, p_3) harmonisch, so gilt $DV(p_0, p_1, p_2, p_3) = -1$, es folgt:

$$DV(p_0, p_1, p_2, p_3) = -1 = (-1)^{-1} = DV(p_0, p_1, p_2, p_3)^{-1} = DV(p_1, p_0, p_2, p_3)$$

„$\Longleftarrow$"

Wenn $DV(p_0, p_1, p_2, p_3) = DV(p_1, p_0, p_2, p_3)$ gilt, dann ist

$$DV(p_0, p_1, p_2, p_3) \cdot DV(p_0, p_1, p_2, p_3)^{-1} = DV(p_0, p_1, p_2, p_3)^2 = 1.$$

Mit der Eigenschaft $p_2 \neq p_3$ ist -1 die einzig richtige Lösung.

$\square$

4.1.3 Beispiel

Wir wählen wieder das bekannte Beispiel (Siehe Beispiel 1 aus Absatz 3.3.1).

$p_k = (1 : \mu_k) \in \mathbb{P}(K)$, $k = 0, 1, 2, 3$ mit $p_0 = (1 : 0)$, $p_1 = (1 : 3)$, $p_2 = (1 : 2)$, $p_3 = (1 : 6)$. Dieses Mal wird das Beispiel auf eine andere Art illustriert, um zu verdeutlichen, wann vier Punkte eine harmonische Lage zueinander haben.

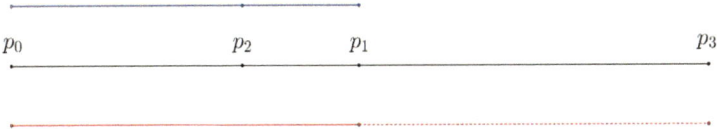

Abbildung 7: *Harmonische Punkte*, Geogebra

$$DV(p_0, p_1, p_2, p_3) = \frac{TV(\mu_3, \mu_0, \mu_1)}{TV(\mu_2, \mu_0, \mu_1)} = \frac{\frac{1}{2}}{-\frac{1}{2}} = -1$$

4.1.4 Bemerkung

Seien $p_0, p_1, p_2 \in \mathbb{P}_1(K) \setminus \{0 : 1\}$ paarweise verschieden und sei $p_3 = (0 : 1)$, dann ist $DV(p_0, p_1, p_2, p_3) = -1$, wenn $TV(p_0, p_1, p_2) = \frac{1}{2}$ gilt (Siehe Abbildung 4).

Liegen die Punkte p_0, p_1, p_2 also auf einer affinen Geraden und der Punkt $p_3 = (0 : 1)$ liegt unendlich weit entfernt, so liegen die Punktepaare (p_0, p_1) und (p_2, p_3) genau dann harmonisch, wenn p_2 der Mittelpunkt von p_0 und p_2 ist.

4.2 Das vollständige Vierseit

Die bis hier hin genannten Eigenschaften aus den vorherigen Abschnitten können nun in einem einer Definition des vollständigen Vierseits verwendet werden.

4.2.1 Definition

Ein vollständiges Vierseit in einer projektiven Ebene besteht aus vier Geraden $Z_1, \ldots, Z_4$ in allgemeiner Lage (d.h. keine drei der Geraden haben einen gemeinsamen Schnittpunkt), Schnittpunkten $p_1, \ldots, p_6$ dieser Geraden, nicht mit einer der Geraden Z_k identischen Verbindungsgeraden Q_1, Q_2, Q_3 jeweils zweier Schnittpunkte $p_i \neq p_j$ und Schnittpunkten q_1, q_2, q_3 der Verbindungsgeraden Q_1, Q_2, Q_3.

Die Geraden $Z_1, \ldots, Z_4$ heißen Seiten des vollständigen Vierseits, die Schnittpunkte $p_1, \ldots, p_6$ werden Ecken genannt und die Verbindungsgeraden Q_1, Q_2, Q_3 werden als Diagonalen bezeichnet.

4.2.2 Satz vom vollständigen Vierseit

Die Punktepaare (p_i, p_j) und (q_k, q_l) auf jeder Diagonalen eines vollständigen Vierseits mit den Ecken $p_1, \ldots, p_6$ und Schnittpunkten der Verbindungsgeraden q_1, q_2, q_3 liegen harmo-

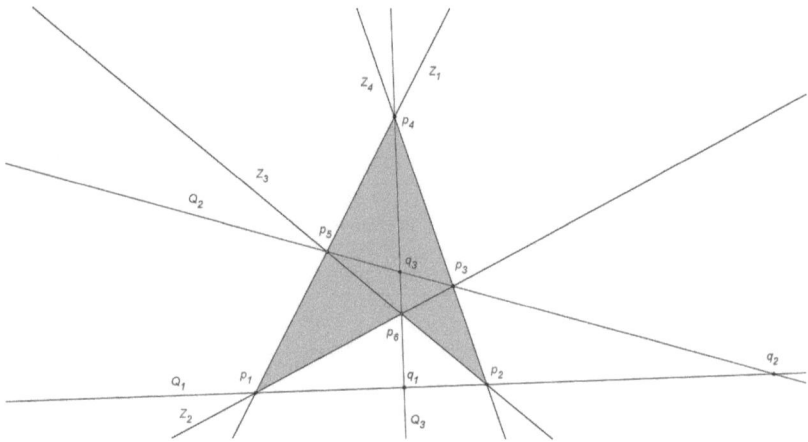

Abbildung 8: *Vollständiges Vierseit*, Geogebra

nisch.

Beweis.

Im Hinblick auf Abbildung 8 soll jetzt gezeigt werden, dass $DV(p_1, p_2, q_1, q_2) = -1$. Aus diesem Beweis folgt die Behauptung für alle anderen Punktepaare.

$$DV(p_1, p_2, q_1, q_2) \overset{\substack{Proj.\ Q_1 \to Q_2 \\ mit\ Zentrum\ p_4}}{\widehat{=}} DV(p_5, p_3, q_3, q_2) \overset{\substack{Proj.\ Q_2 \to Q_1 \\ mit\ Zentrum\ p_6}}{\widehat{=}} DV(p_2, p_1, q_1, q_2) \overset{Bem.\ 4.1.2}{\widehat{=}} -1$$

$\square$

4.3 Konstruktionen mit vollständigen Vierseiten

Es lassen sich jetzt zahlreiche Kontruktionsaufgaben erzeugen, die die obengenannten Eigenschaften, Sätze und Definitionen einbeziehen.

Diese Aufgaben können die Aufmerksamkeit der Schülerinnen und Schüler schnell wecken, da sie etwas selbst kreieren und ihrer Fantasie und Improvisationstalent freien Lauf lassen können.

4.3.1 Konstruktion eines vierten harmonischen Punktes

Eine sehr beliebte Aufgabe (vgl.[Fischer, 1983][S.155]) ist das Konstruieren eines vierten harmonischen Punktes zu drei gegebenen, kollinearen Punkten.

Diese Aufgabe könnte genau so in einer Arbeitsgemeinschaft gestellt werden und es würde einige Schülerinnen und Schüler geben, die intuitiv die richtigen Konstruktionsschritte durchführen. Zur Kontrolle sollten dann die Schritte wie folgt angeleitet werden.

1. Wahl eines beliebigen Punktes p_4 außerhalb der Geraden.

2. Konstruktion der Geraden $\overline{p_1 p_4}$, $\overline{q_1 p_4}$ und $\overline{p_2 p_4}$.

3. Wahl eines beliebigen Punktes p_6 auf der Geraden $\overline{q_1 p_4}$.

4. Konstruktion der Geraden $\overline{p_1 p_6}$ und Einzeichnen der Schnittpunkte $p_3 = \overline{p_1 p_6} \cap \overline{p_2 p_4}$ und $p_5 = \overline{p_2 p_6} \cap \overline{p_1 p_4}$.

5. Konstruktion der Geraden $\overline{p_5 p_3}$. Daraus folgt neuer Schnittpunkt $q_2 = \overline{p_1 p_2} \cap \overline{p_5 p_3}$, welcher der vierte, gesuchte harmonische Punkt ist.

Diese Konstruktionsanweisung liefert ein vollständiges Vierseit und kann sehr leicht mit Hilfe von Lineal oder Zirkel durchgeführt werden. Die Abbildungen 9-12 zeigen noch einmal die durchgeführten Schritte grafisch auf.

In Abbildung 13 wird der Spezialfall des „unendlich weit entfernten Punktes" als vierten harmonischen Punkt dargestellt. Diese Konstellation wird genau dann erzeugt, wenn q_1 der Mittelpunkt von p_1 und p_3 ist (Siehe Bemerkung 4.1.4).

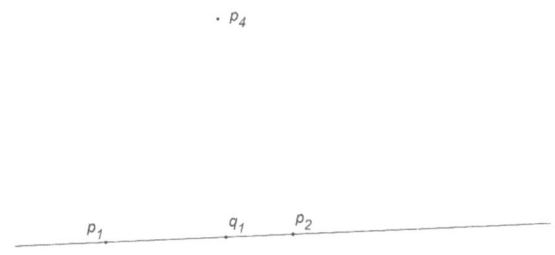

Abbildung 9: *Ausgangslage mit Schritt 1*, Geogebra

4.3.2 Konstruktion eines Mittelpunktes

Eine zweite Aufgabe kann das Konstruieren eines Mittelpunktes zu zwei parallelen Geraden Q_1 und Q_2 mit $p_1, p_2 \in Q_1$ sein.

Die grundsätzliche Vorgehensweise ist ähnlich der vorherigen Konstruktion. Die Korrektheit der Konstruktion folgt wiederum aus dem Satz des vollständigen Vierseits. Die Schritte müssen wie folgt ausgeführt:

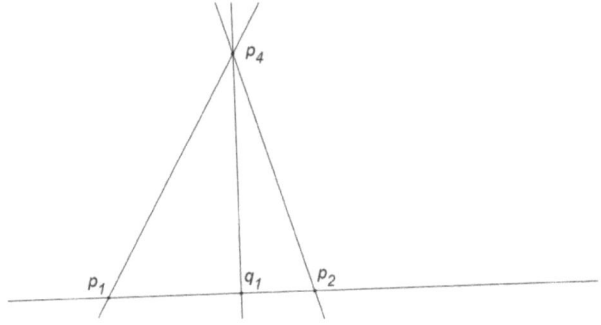

Abbildung 10: *Schritt 2, Konstruktion der Geraden* $\overline{p_1p_4}$, $\overline{q_1p_4}$ *und* $\overline{p_2p_4}$, Geogebra

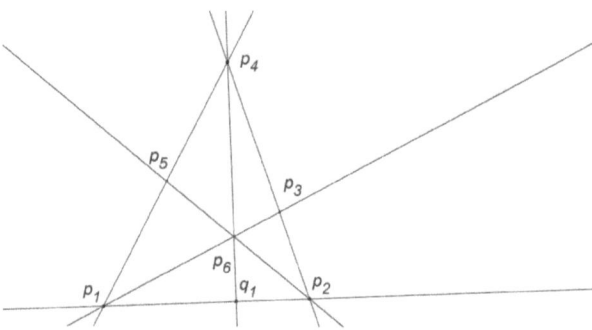

Abbildung 11: *Schritt 3 und 4, Wahl von* p_6 *und Konstruktion von* p_3 *und* p_5, Geogebra

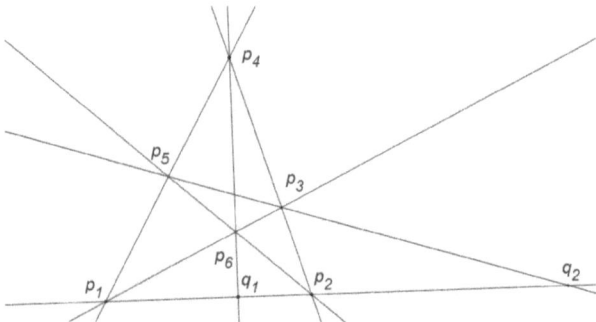

Abbildung 12: *Schritt 5, Konstruktion der Geraden* $\overline{p_5p_3}$ *und Punktes* q_2 , Geogebra

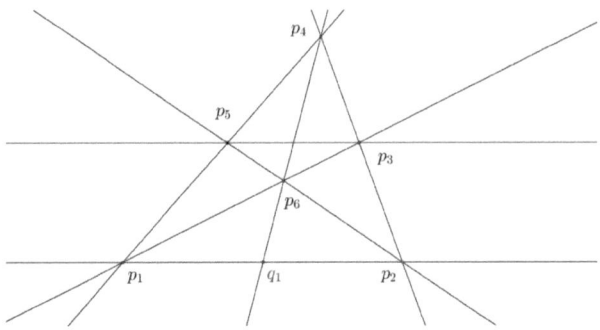

Abbildung 13: *Spezialfallmit q_1 als Mittelpunkt von p_1 und p_3* , Geogebra

1. Wahl eines beliebigen Punktes p_4 außerhalb der beiden Geraden Q_1 und Q_2.

2. Konstruktion der Geraden $\overline{p_1 p_4}$ und $\overline{p_2 p_4}$, sowie Einzeichnen der Schnittpunkte $p_3 = \overline{p_1 p_4} \cap Q_2$ und $p_5 = \overline{p_2 p_4} \cap Q_2$.

3. Konstruktion der Geraden $\overline{p_1 p_3}$ und $\overline{p_2 p_5}$, sowie Einzeichnen des Schnittpunktes $p_6 = \overline{p_1 p_3} \cap \overline{p_2 p_5}$.

4. Konstruktion der Geraden $\overline{p_4 p_6}$, welche den Mittelpunkt $q_1 = \overline{p_4 p_6} \cap Q_1$ liefert.

Im Folgenden werden die o.g. Konstruktionsanweisungen grafisch in Abbildung 14-17 dargestellt.

Abbildung 14: *Ausgangslage*, Geogebra

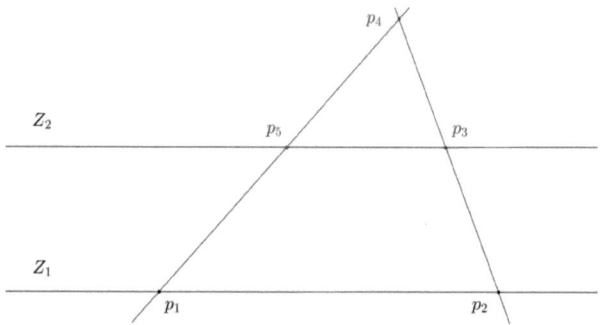

Abbildung 15: *Schritt 1 und 2*, Geogebra

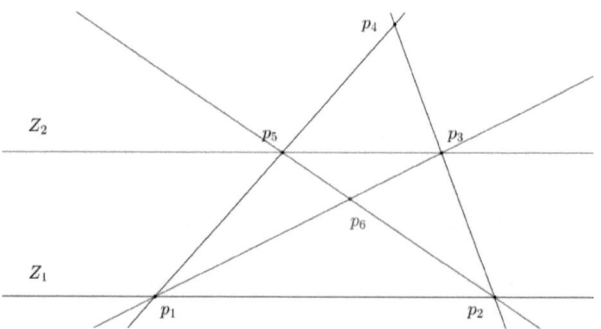

Abbildung 16: *Schritt 3, Konstruktion von p_6*, Geogebra

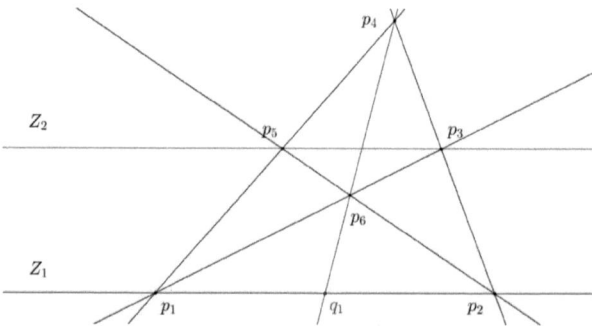

Abbildung 17: *Schritt 4, Konstruktion des Mittelpunktes q_1*, Geogebra

5 Schüler-AG

5.1 Grundlagenwissen

5.2 Motivation

5.3 Arbeitsweise

5.4 Ergebnis

6 Zusammenfassung

7 Schlussfolgerung

8 Danksagung

Literatur

[Amon, 2011] Amon, K. (2011). *Was machen Mathelehrer eigentlich falsch?*. Zugriff am 15.06.2015 unter http://sz-magazin.sueddeutsche.de/texte/anzeigen/35806/2/1.

[Beutelspacher and Rosenbaum, 1998] Beutelspacher, A. and Rosenbaum, U. (1998). *Projective Geometry: From Foundations to Applications*. Cambridge University Press, Cambridge.

[Bosch, 2008] Bosch, S. (2008). *Lineare Algebra*. (4. Auflage). Springer Verlag, Berlin Heidelberg.

[Fischer, 1983] Fischer, G. (1983). *Analytische Geometrie*. (3. Auflage). Friedr. Vieweg & Sohn Verlagsgesellschaft mbR, Braunschweig.

[Methling, 2009] Methling, I. (2009). *Warum Schueler Angst vor Mathe haben*. Zugriff am 15.06.2015 unter http://www.rp-online.de/panorama/wissen/warum-schueler-angst-vor-mathe-haben-aid-1.2596757.

[Roell, 2013] Roell, I. (2013). *Warum so viele Schueler in Mathematik scheitern*. Zugriff am 14.06.2015 unter http://www.focus.de/familie/wissenstest/lernatlas/mathematik/.

[Stuttgart-LS, 2015] Stuttgart-LS (2015). *Vorbereitung auf ein mathematisches oder naturwissenschaftliches Studium*. Zugriff am 15.06.2015 unter http://www.schule-bw.de/unterricht/faecher/mathematik/3material/sek2/zus.

[Wolff, 2009] Wolff, T. (2009). *Projektive Geometrie in 3 Stunden*. Zugriff am 13.06.2015 unter http://www1.uni-frankfurt.de/fb/fb12/mathematik/dm/personen/dewolff/.

Abbildungsverzeichnis

1 Lichstrahlen fallen durch eine Linse auf eine Projektionsebene, [Wolff, 2009] 4

2 Zentralprojektion mit Teilverhältnissen, Geogebra 6

3 $\mathbb{P}_1(K)$ mit einer affinen Gerade, Geogebra 7

4 Doppelverhältnis in Abhängigkeit vom Punkt p , [Fischer, 1983, S.150] . . 8

5 Kommutatives Diagramm von Projektivitäten, (vgl.[Fischer, 1983, S.150]) . 9

6 $\mathbb{P}_1(K)$ mit affinen Gerade $x_0 = 1$, Geogebra 13

7 Harmonische Punkte, Geogebra 16

8 Vollständiges Vierseit, Geogebra 17

9 Ausgangslage mit Schritt 1, Geogebra 18

10 Schritt 2, Konstruktion der Geraden $\overline{p_1p_4}$, $\overline{q_1p_4}$ und $\overline{p_2p_4}$, Geogebra . . . 19

11 Schritt 3 und 4, Wahl von p_6 und Konstruktion von p_3 und p_5, Geogebra . . 19

12 Schritt 5, Konstruktion der Geraden $\overline{p_5p_3}$ und Punktes q_2 , Geogebra 19

13 Spezialfallmit q_1 als Mittelpunkt von p_1 und p_3 , Geogebra 20

14 Ausgangslage, Geogebra 20

15 Schritt 1 und 2, Geogebra 21

16 Schritt 3, Konstruktion von p_6, Geogebra 21

17 Schritt 4, Konstruktion des Mittelpunktes q_1, Geogebra 21